Impressum:

Copyright © 2017 GRIN Verlag
Druck und Bindung: Books on Demand GmbH, Norderstedt Germany
ISBN: 9783668664531

Maximilian Witte

Die Einschränkung der Ernährung durch Diabetes und die Auswirkung der Low-Carb-Diät

GRIN Verlag

Fachoberschule an den Semperschulen Dresden

Facharbeit

Im Fach Biologie

Die Einschränkung der Ernährung durch Diabetes und die Auswirkung der Low-Carb-Diät

von

Maximilian Witte

Ort, Datum: Dresden 25.11.2017

Inhaltsverzeichnis

1. Vorwort

Diabetes. Fast jeder zehnte Deutsche leidet an dieser so genannten „Wohlstandskrankheit", doch warum wissen so viele nichts über diese Erkrankung? Warum ist die einzige Lösung, um seinen Diabetes in den Griff zu bekommen, Insulin zu spritzen und ständig seinen Blutzucker zu messen?

Allgemeine Fragen rund um die Krankheit Diabetes werden in dieser Facharbeit beantwortet. Zudem werde ich Kenntnisse aus der Molekularmedizin benutzen, um in allen Einzelheiten erklären zu können, was eigentlich in unserem Körper bei dieser Erkrankung vorgeht.

Des Weiteren werde ich auf die so genannte Low-Carb-Diät eingehen und deren Auswirkung auf einen Diabetiker und Nicht-Diabetiker in Form eines Selbstversuches nachvollziehen.

Doch nun möchte ich meine Themenfindung genauer erläutern. Vier meiner Familienmitglieder sind von der „Wohlstandskrankheit" Diabetes befallen. Drei davon sind von Diabetes Typ-1 betroffen und die letzte Person von Diabetes Typ-2. Was genau bedeutet das für mich? Es heißt, ärztlichen Berichten zufolge, dass ich zu hoher Wahrscheinlichkeit diese Krankheit geerbt habe. Warum, erkläre ich im folgenden Abschnitt genauer.

Wie Sie sicher verstehen können, möchte sicherlich kein Jugendlicher im Alter von 18 Jahren an solch einer Krankheit erkranken. Dies ist der Grund, warum ich mich für dieses Thema entschieden habe.

2. Die Krankheit Diabetes

Die Krankheit Diabetes (Durchfluss), oder auch Diabetes mellitus (honigsüßer Durchfluss), ist eine Erkrankung, bei welcher ein Symptom, die Ausscheidung großer Mengen an Urin, ist. Sie wurde bereits von den alten Ägyptern, Chinesen und Indern beschrieben.

Die heutige Unterscheidung zwischen Diabetes Typ-1 und Typ-2 wurde erst 1997 von der American Diabetes Association eingeführt. In Deutschland wurde diese 2001 übernommen.

Diese Klassifizierung wurde aufgrund der heutigen wissenschaftlichen Erkenntnisse über die verschiedene Ätiologie (Entstehung) der Krankheit vorgenommen.[1]

2.1. Die Diabetes-Formen deren Ursachen und Krankheitsverlauf

2.1.1. Diabetes Typ-1

Der Typ-1 Diabetes entsteht durch eine chronische Entzündung der Langerhans´schen Inseln in der Bauchspeicheldrüse. Diese Entzündung zerstört die Insulin-produzierenden Beta-Zellen, wodurch immer weniger Insulin produziert werden kann, bis die Insulinproduktion komplett zum Erliegen kommt. Diese Entzündung kann durch verschiedene Umwelteinflüsse ausbrechen, zum Beispiel nach einer Virus-Erkrankung oder durch Kontakt mit bestimmten Nahrungsmitteln.

Nachdem die Erkrankung festgestellt wurde, muss der Erkrankte täglich seinen Blutzuckerspiegel, der gelöste Teil Zucker im Blut, messen, damit sein Insulinbedarf errechnet werden kann. Zudem muss der Betroffene auf seine Ernährung achten, da der Körper gegebenenfalls überschüssige Glukose nicht zu den Körperzellen transportieren kann und es zu schweren Folgeerkrankungen, wie zum Beispiel Erblindung oder Verengung der Blutgefäße, kommen kann.[1]

2.1.2. Diabetes Typ-2

Der Typ-2 Diabetes entsteht durch zwei Faktoren, welche sich gegenseitig beeinflussen. Zum einen reagieren die Körperzellen nicht mehr empfindlich genug auf Insulin (Insulinresistenz), weshalb die vorhandene Glukose im Blut nicht ausreichend verarbeitet werden kann, zum anderen wird diese Insulinresistenz durch einen genetischen Defekt verursacht. Dieser Defekt wird durch Bewegungsmangel und Übergewicht verstärkt.

Die Diagnose wird heutzutage als Spitze des Eisberges angesehen, da die Körperzellen die stärkste Insulinresistenz aufweisen und die Verfassung des Betroffenen üblicherweise am schlimmsten ist.

Diese Form des Diabetes kann, im Gegensatz zu Diabetes Typ-1, geheilt werden. Das erfolgt aufgrund der veränderbaren Insulinresistenz der Körperzellen. Die Heilung kann zum Beispiel stattfinden, wenn der Erkrankte Übergewicht verliert oder Stress verringert. Die Körperzellen können daraufhin ihre Resistenz gegenüber Insulin abschwächen beziehungsweise verlieren.

Die möglichen Folgeerkrankungen gehen mit denen von Diabetes Typ-1 einher.[1]

2.1.3. Gestationsdiabetes (Schwangerschaftsdiabetes)

Der Schwangerschaftsdiabetes ist anders als normale Formen des Diabetes mellitus. Während der Schwangerschaft liegt erstmalig eine Kohlenhydratstoffwechselstörung vor, welche unter anderem von den Schwangerschaftshormonen (z.B. Östrogen), als auch durch eine meist veränderte Ernährung während der Schwangerschaft verursacht wird. Dazu kommt, dass die Insulinausschüttung zu Beginn der Schwangerschaft vermindert ist und erst während der Schwangerschaft wieder ansteigt. Der Schwangerschaftsdiabetes kann aber durch eine geregelte Ernährung und gegebenenfalls durch zusätzlich gespritztes Insulin in den Griff bekommen werden.

Wenn der Gestationsdiabetes vernachlässigt wird, kann es zu schweren Folgen für Mutter und Kind kommen. Aufgrund der Übergabe der Kohlenhydrate über den Mutterkuchen auf das Kind reagiert es auf die hohen Blutzuckerwerte mit einer erhöhten Insulinproduktion, wodurch es den Zucker als Fettablagerungen in den eigenen Körper einbaut und sich entsprechend das Geburtsgewicht erhöht. Zusätzlich scheidet das Kind mehr Urin aus, womit die Fruchtwassermenge ansteigt und das Risiko einer Frühgeburt steigt.

Da die Geburt eines Kindes mit größeren Fettablagerungen schwerer ist, wird häufiger ein Kaiserschnitt vorgenommen. Dieser Eingriff trägt heutzutage zwar keine großen Risiken mehr, ist aber dennoch eine schwere und erschöpfende Operation für den Körper der Mutter, welcher eine Regenerationszeit von mehreren Wochen voraussetzt.[5]

3. Differenzierung gesunder und ungesunder Ernährung

Es gibt grundsätzlich Streitigkeiten darüber, was nun eine gesunde und was eine ungesunde Ernährung ist. Im Bereich Gendermedizin und mehreren Forschungen im Bereich Diabetes mellitus ist Prof. Dr. Alexandra Kautzky Willer der Meinung, dass es bestimmte Grundbedingungen gibt, um gesund zu leben. Zum einen soll man seinen Zuckerkonsum im Rahmen halten und nur gesunden Zucker, Polysaccharide (Mehrfachzucker), zu sich nehmen.[4]

Zudem empfiehlt sie, den Heißhunger komplett aus dem Leben zu streichen. Um Heißhunger zu bekämpfen, reicht es, Mahlzeiten einfach geregelt zu sich zu nehmen und zu genießen, heißt es in der Apotheken Umschau.[7]

Die Professorin rät zudem, „Kleine Mengen Alkohol können gesund sein", das liegt an den Polyphenolen, welche beispielsweise in Rotwein vorkommen. Damit werden die Blutgefäße vor Verkalkung und Verfettung geschützt. Wenn Diabetes aber bereits vorliegt, kann es zu einem erhöhten Risiko der Unterzuckerung kommen.[4]

Ungesunde Ernährung ist dementsprechend das komplette Gegenteil, oder? Nein. Laut Dr. med. Ulrich Strunz ist ungesunde Ernährung eine Lebensweise, bei der dem Körper Stoffe vorenthalten werden. Das bedeutet der Körper bekommt durch die Nahrung nicht die benötigten Stoffe, um sich selber zu regenerieren, womit es zu Mangelerscheinungen kommen kann. Dadurch wird der Körper krank und kann auf Umwelteinflüsse nicht reagieren wie er es im gesunden Zustand könnte.[3]

Zusammenfassend kann man sagen, eine ungesunde Ernährung ist eine Form der Ernährung, bei der dem Körper zu viel eines Stoffes zugeführt wird oder ein oder mehrere Stoffe gar nicht zugeführt werden.

4. Der Verdauungsapparat

An der Verdauung des Menschen sind 13 Organe beteiligt. Die Verdauung beginnt im Mund. Im Mund wird die Nahrung durch die Zähne zerkleinert und durch Saliva (Speichel) gleitfähig gemacht. Im Speichel ist Amylase, ein Zuckerspaltendes Enzym, enthalten, welche Polysaccharide (Mehrfachzucker wie z.B. Stärke) in Disaccharide (Zweifachzucker) spaltet. Die Nahrung gelangt über die Speiseröhre in den Magen. Dabei hört die Amylase auf zu wirken, da ein Übergang von einem basischen Milieu (Mund und Rachen) in ein saures Milieu (Magen) stattfindet. Die Nahrung wird im Magen mehrfach umgewälzt und durch die Magensäure in einen Speisebrei verarbeitet. Dieser Speisebrei wird im Zwölffingerdarm mit einem Sekret, welches in der Bauchspeicheldrüse gebildet wird, basisch gemacht. Im Zwölffingerdarm wird die Zuckerspaltung wieder aufgenommen und die Zweifachzucker werden in ihre Bestandteile, die Monosaccharide (Einfachzucker), zerlegt. Aufgenommene Proteine werden in Aminosäuren gespalten und über die Dünndarmwand aufgenommen. Fette werden durch Enzyme zu so genannten Fettsäuren umgewandelt und ebenso über die Dünndarmwand weiter aufgenommen.

Stoffe, die nicht vom Körper aufgenommen werden, werden im Dickdarm von ihrem Wasseranteil befreit und über den Enddarm ausgeschieden.[6]

4.1. Spaltung von Zucker im gesunden Verdauungsapparat

Im gesunden Verdauungsapparat wird, wie oben genannt, der Zucker mehrfach gespalten und in seine Einzelteile zerlegt. Über den Zwölffingerdarm wird die Glukose (Monosaccharid), der Grundbaustein von jedem Zucker, in das Blut weitergegeben. Der so genannte Blutzuckerspiegel steigt dadurch an und es wird Insulin aus der Bauchspeicheldrüse abgegeben. Das Hormon Insulin gleicht mit seinem Gegenspieler Glucagon den Blutzuckerspiegel aus.

Durch das Insulin können die Körperzellen nun diese Glukose aufnehmen und in Energie umwandeln.

4.2. Spaltung von Zucker im ungesunden Verdauungsapparat

Im erkrankten Verdauungsapparat wird ebenfalls der Zucker in seine Bestandteile gespalten. Doch wird in der Bauchspeicheldrüse entweder kein Insulin mehr produziert, da die Beta-Zellen zerstört wurden (Diabetes Typ-1) oder, da die Körperzellen eine Insulinresistenz aufgebaut haben und nicht genug Insulin produziert wird (Diabetes Typ-2).

5. Selbstversuch

5.1. Aufbau des Selbstversuches

Meine Mutter, welche an Diabetes Typ-1 erkrankt ist, und ich als Nicht-Diabetiker, werden eine Woche lang, im Rahmen der Facharbeit, eine Low-Carb-Diät versuchen. Die Low-Carb-Diät an sich hat keine festen Regeln. Eine feste Regel gibt es, und zwar die Obergrenze von 100g Kohlenhydraten am Tag. Dafür werden die Lebensmittel in ihren Kohlenhydratwert pro 100g eingeteilt. Das bedeutet die Toleranzgrenze, vieler Low-Carb-Methoden, liegt bei 10g Kohlenhydrate bei 100g Gewicht.[2]

Eine Beispiel Tabelle:

Name	Menge	Kohlenhydrate
Kartoffel (roh)	100g	16,0g
Zucchini	100g	2,0g

Aus der Tabelle kann man entnehmen, dass die Zucchini aufgrund ihrer Kohlenhydratmenge auf 100g Gewicht, für eine Low-Carb-Diät geeignet ist.

5.2. Ablaufplan anhand eines Ernährungsplans

Ernährungsplan Frühstück:[2]

Tag	Montag	Dienstag	Mittwoch	Donnerstag	Freitag	Samstag	Sonntag
Bezeichnung	Zimt-Oopsies	Zucchinimuffins	Blaubeer-pfannkuchen	Zucchini-Frühstück-Minis	Mozzarella-Pancake	Möhrenmuffins	Mandelporridge
Kohlenhydrate Pro Portion	2,7g	7,0g	8,6g	11,7g	6,8g	8,2g	12,8g

Ernährungsplan Mittag:[2]

Tag	Montag	Dienstag	Mittwoch	Donnerstag	Freitag	Samstag	Sonntag
Bezeichnung	Hühnertopf	Blumenkohlcurry	Hähnchenbrust mit Sprossen	Hackfleisch-Spinat-Pfanne	Nudeln aus Zucchini mit Avocado	Kohlrabitopf mit Hackbällchen	Pute in Senfsauce mit Blumenkohlreis
Kohlenhydrate pro Portion	16,6g	26,1g	20,5g	20,3g	17,8g	23,3g	9,9g

Ernährungsplan Abend:[2]

Tag	Montag	Dienstag	Mittwoch	Donnerstag	Freitag	Samstag	Sonntag
Bezeichnung	Gefüllte Paprika	Scharfe Tomatensuppe	Cremige Zucchini Suppe	Möhren-Sahne-Suppe	Gebackener Brokkoli	Auberginen-Knoblauch-Hähnchen	Gefüllte Zucchini
Kohlenhydrate pro Portion	16,3g	20,7g	19,0g	26,3g	28,1g	29,7g	28,5

5.3. Ergebnis des Selbstversuches

Der Selbstversuch wäre erfolgreich gewesen, hätte man sich darauf vorbereitet. Es ist schwer so wenige Kohlenhydrate am Tag zu essen, wenn man mehr gewöhnt ist. Das bedeutet, man hat ein ständiges Hungergefühl und fühlt sich träge, da dem Körper Energie fehlt, welche er über die Kohlenhydrate bekommen würde. Außerdem ist es anstrengend sich jeden Tag für mindestens 2-3 Stunden in die Küche zu stellen und zu kochen. Zudem sind auch keine Getränke mit eingerechnet oder Snacks, wie zum Beispiel das deutsche Kaffee trinken.

Zum Frühstück fehlte, sowohl meine Mutter, als auch mir das Brötchen mit Nutella oder auch mal Cornflakes mit Milch. Die gekochten Gerichte waren zwar lecker, machten aber weder satt, noch glücklich. Die Mittags- und Abendgerichte waren jedoch um Längen besser. Sowohl vom Geschmack, als auch von der Sättigung her schlugen sie sich besser als das Frühstück. Trotzdem kann man sagen, dass die Beilagen wie Kartoffeln, Reis und Nudeln fehlten, aber wahrscheinlich nur deswegen, weil man sie gewohnt ist.

5.4. Auswirkungen des Versuches

„Wenn sie Kohlenhydrate weglassen, geraten Sie in eine Mangelsituation.", stimmt doch gar nicht. Laut Dr. med. Ulrich Strunz ist genau das der Weg der Besserung. Laut ihm sind Kohlenhydrate gar nicht überlebensnotwendig und eigentlich auch Gift, denn alles was der Mensch braucht ist Eiweiß, zu mindestens überwiegend. Das, woraus wir Menschen bestehen. Warum nehmen wir Kohlenhydrate dann aber in jeglicher Form zu uns? Der Grund ist zweierlei, zum einen sind kohlenhydratreiche Lebensmittel wie Kartoffeln, Nudeln, Reis und Brot sehr sättigend und zum anderen fühlt man sich träge und energielos, wenn man sie weglässt. Der Grund, warum sie so sättigend sind, ist der hohe Ballaststoffanteil, den diese Lebensmittel besitzen. Doch wieso fühlen wir uns träge und energielos? Das liegt daran, dass der Mensch es gewohnt ist schnell und einfach an Energie ranzukommen, wie beispielsweise aus Kartoffeln. Das bedeutet unser Körper ist es nicht mehr gewohnt Energie zu speichern und verbrennt dementsprechend viel. Wenn man dem Körper dann aber mal für ein paar Tage diese schnelle und einfache Energie entzieht, fängt er langsam wieder an diese zu speichern und wir fühlen uns wieder fitter, aber vor allem auch irgendwie gesünder.

Dieselbe Auswirkung konnte auch ich, als Nicht-Diabetiker, feststellen. Zudem wurde meine Ernährung erstmals seit langem wieder zeitlich gebunden und ich bekam nur zu gewissen Zeiten wieder Hunger und lebte nicht, wie vorher, im Dauerhunger.

Für meine Mutter waren die Auswirkungen noch etwas drastischer. Sie hatte ähnliche Gefühle wie ich, doch zudem kam noch die Begeisterung kein einziges Mal Insulin spritzen zu müssen. Das liegt daran, dass ihr Körper keine große Menge an Glukose an die Körperzellen vermitteln musste und die übrig gebliebenen Beta-Zellen ausreichend Insulin produzierten, um genau das zu tun.

6. Fazit

Zum Schluss kann man sagen, dass der Versuch Kohlenhydrate zu dämmen definitiv ein Schritt in Richtung gesunden Leben ist. Doch muss man nicht alles weglassen und sollte dem Körper nichts vorenthalten. Wenn man Hunger auf Nudeln hat sollte man diese auch essen.

Außerdem ist es auch der beste Weg, um Diabetes in den Griff zu bekommen. Wenn alle Menschen die an Diabetes leiden ihren Kohlenhydrathaushalt eindämmen würden, würde es ihnen besser gehen. Je nach Diabetes Typ würde die Insulinresistenz der Körperzellen sinken oder die übrig gebliebenen Beta-Zellen würden doch ausreichend Insulin produzieren.

Kinder heutzutage sollten auch mehr über eine ungesunde Lebensweise und über Alternativen aufgeklärt werden. Heutzutage wird doch über alles aufgeklärt, warum nicht auch über die ungesunden Süßigkeiten und den gesunden Gemüse? Zudem sollte es Kochkurse in Schulen geben. In Haushalten ist es nicht mehr üblich, dass die Mama kochen kann, weswegen der Fokus auf der Schule liegen sollte, wo er doch sowieso eigentlich schon liegt.

Quellenverzeichnis

Literatur

[1] Prof. Dr. Fehm-Wolfsdorf, Gabriele (2009): Fortschritte der Psychotherapie. Diabetes mellitus. Band 36, Göttingen, Hogrefe Verlag GmbH & Co. KG

[2] Meyhofer, Andreas; Ludwig, Diana (2017): Schlank mit Low-Carb. Das 28-Tage-Programm. 2. Auflage, München, riva Verlag

[3] Dr. med. Strunz, Ulrich (2017): Neue Wege der Heilung. Gesundheit geschieht von innen. München, Wilhelm Heyne Verlag

Digitale Quellen

[4] Borgerding, Katharina (2013): Gesund leben: Das rät die Expertin der Diabetologie. https://eatsmarter.de/ernaehrung/gesund-ernaehren/gesund-leben-diabetologie (abgerufen am 22.11.2017)

[5] Priv.-Doz. Dr. med. Bühling, Kai Joachim: Gestationsdiabetes-Schwangerschaftsdiabetes. http://www.gestationsdiabetes.de/ (abgerufen am 22.11.2017)

[6] Ollenschläger, Phillipp (2016): Der Verdauungsapparat. https://deximed.de/home/b/magen-darm-trakt/patienteninformationen/das-verdauungssystem/der-verdauungsapparat/ (abgerufen 26.11.2017)

[7] Soutschek, Stephan (2016): Abnehmen: So stoppen Sie Heißhunger. https://www.apotheken-umschau.de/Abnehmen/Abnehmen-So-stoppen-Sie-Heisshunger-119223.html (abgerufen am 25.11.2017)

[8] Sun Sirius GmbH: Low Carb Tabelle. http://www.bmi-rechner.net/low-carb/low-carb-tabelle.htm (abgerufen am 25.11.2017)